Shenzhen
Nature
Discovery

深圳
自然
发现

深圳生物多样性影像志

深圳市越众文化传播有限公司　编著

深圳报业集团出版社
SHENZHEN PRESS GROUP PUBLISHING HOUSE

CONTENTS

004 Urban Residents
城市住客

038 Fun Forest
缤纷森林

086 Coast Elf
海岸精灵

目 录

138 Stream Story
溪流物语

166 Forest Trail
林中小道

Urban Residents

城市住客

最近距离就能够进行自然观察的地方，就是我们身边的公园。在这里静静、细细地观察，就能看到许多动物的身影：黑领椋鸟扑腾着翅膀在草丛里觅食，绣眼鸟灵活的身影在树上一闪而过，池鹭在池塘边伫立不动伺机捕猎……它们和我们一样都是城市的住客。

夜鹭（*Nycticorax nycticorax*）｜鹭科

夜鹭　吴健晖/摄

夜鹭，在广东各地的池塘、湿地很常见。顾名思义，它喜欢在晚上活动，白天则在乔木上休息，是鹭科鸟类中少有的夜间活动的种类。

夜鹭一般筑巢于高大的树上，雌雄鸟会一起搭建"爱的小屋"。（巢由枯枝和草茎构成，比较简单粗糙，但只要有足够的食物，就能将一窝窝的宝宝轻松养育成年。）

斗鸡眼 陈久桐/摄

袖蜡蝉是一种体形很小的昆虫，身体柔软，形似蚜虫。它的体色鲜艳，头小且极狭窄，复眼很大，占头部的大部分，看上去像斗鸡眼，非常卡通。有时袖蜡蝉会将自己的翅膀竖起，使自己显得更大一些。

袖蜡蝉（Derbidae）| 袖蜡蝉科

中国壁虎的产房　　陈久桐 / 摄

中国壁虎是深圳常见的壁虎之一,它们通常生活在大树上、岩石上,甚至在居民区的墙壁上。

在所有的环境中,中国壁虎最喜欢在靠近林子的老房子里生活,特别是一些无人居住的房子。这样的环境天敌较少,也少有人类的干扰。

当春季到来,中国壁虎到了繁殖产卵的时间,雌性壁虎会选好地方产下两颗互黏的卵,都喜欢在同一处产卵。

因此,一旦有壁虎在老房子里的某个墙角产卵,附近的中国壁虎也会慢慢集中到此产卵,日复一日、年复一年,这个角落便形成了巨大的壁虎卵堆。

中国壁虎（*Gekko chinensis*）｜壁虎科

粗心的荔枝蝽妈妈   葛增明 / 摄

炎炎夏日，当你走进一片果林，偶尔会闻到刺鼻的气味，这极有可能就是荔枝蝽的杰作了。荔枝蝽有发达的臭腺，一旦遇到危险就会从腹部释放出臭味，从而保护自己。

荔枝蝽每次产卵，总会精准地产下 14 颗浅绿色的卵。荔枝蝽的口器呈刺吸式，喜欢吸食果树的汁液，所以为保证出生的若虫有充足的食物，一般荔枝蝽会将卵产在果树（荔枝、龙眼等）的嫩叶上。

但这一次，这只雌性荔枝蝽却粗心地把卵产在了菠萝蜜的果实上面。

荔枝蝽（*Tessaratoma papillosa*）｜荔蝽科

长尾贼鸥(*Stercorarius longicaudus*) | 贼鸥科

来自北极的客人 葛增明/摄

2018年9月,出现在深圳香蜜湖的这一只长尾贼鸥可算得上深圳观鸟圈的大新闻了。

长尾贼鸥繁殖于北极圈,越冬于南半球,平日多在海上活动,是一种非常罕见的过境鸟。可能受到台风的影响,意外地出现在深圳市中心的香蜜湖一带。这对于观鸟爱好者来说是一个偌大的惊喜。

这引得众鸟友牵肠挂肚,不少人翘班或趁中午休息时间,甚至有人从外地坐飞机赶赴现场,可见其魅力之大。

但这位来自北极的客人却只在香蜜湖停留了短短几天就离开了,让很多后继赶来的鸟友无缘一见。

城市住客

住在叶子下的"小狗"

刘美娇 / 摄

犬蝠顾名思义，是一种长得像小狗的蝙蝠，主要以果实和花蜜为食。它们常把自己倒挂在树枝上，伸出尖尖的嘴巴吞食榕果。当果子太大时，它会吸食汁液，吐出果渣。

犬蝠是"一雄多雌"的社群结构动物，它们喜欢用蒲葵叶背做栖巢，一般是由雄性个体独立建造，它们往往咬断叶脉，使叶的前端塌垂，如搭建帐篷一般。

仅用一片叶子就做成了犬蝠睡觉的房子，遮风挡雨，相较人类的钢筋水泥，既不费力又环保。

犬蝠（*Cynopterus sphinx*）| 狐蝠科

花姬蛙（*Microhyla pulchra*）| 姬蛙科

🔘 听取蛙声一片　陆千乐/摄

蛙类的生活离不开水，在深圳春夏的夜晚里，许多雄蛙会跳入水里，或者在水边找一个空旷的地方，聚集在一起，鼓胀身躯发出爱的鸣叫。雌蛙挑选对象，如同听雄蛙"拉提琴"一般，大提琴音调越低，说明身躯越壮，小提琴音调较高，说明身躯较瘦。

图中几种在"吹泡泡"的青蛙都是雄蛙，鼓起来的声囊可以使它们发出的声量扩大。但有些雄蛙会到下水道或树洞等地方，利用喇叭音箱运作的原理，进一步扩大声量，发出更大的鸣叫，以此来赢得雌蛙的青睐。

华南雨蛙（*Hyla simplex*）｜雨蛙科

饰纹姬蛙（*Microhyla fissipes*）｜姬蛙科

暗绿绣眼鸟（*Zosterops japonicus*）｜绣眼鸟科

噪鹃（*Eudynamys scolopaceus*）｜杜鹃科

高山榕（*Ficus altissima*）｜桑科

榕树上的盛宴 南兆旭/摄

深圳人偏爱种植高大笔直的榕树作为行道树，比如高山榕。高山榕一年要结三次果，每次果实成熟，都会吸引许多鸟来大快朵颐。

不同的鸟用餐方式也各异。八哥矜持地站在枝头上，寻找合适的位置，准备下口；红耳鹎倒挂在枝头上，不顾形象地啄着果实；身形细小的暗绿绣眼鸟，则躲在叶子缝隙中小口啄食；丝光椋鸟毫不客气地立在枝条，吃了两口就咂咂嘴；从树洞里溜出来的赤腹松鼠也捧着果实，吃个不停……

这动静引来了噪鹃，为这场鸟类盛宴鸣唱伴奏。

八哥（*Acridotheres cristatellus*）| 椋鸟科

红耳鹎（*Pycnonotus jocosus*）| 鹎科

丝光椋鸟（*Sturnus sericeus*）| 椋鸟科

赤腹松鼠（*Callosciurus erythraeus*）| 松鼠科

大白鷺（*Ardea alba*）｜鷺科

春夏婚纱装 田穗兴/摄

对于鸟类而言，繁衍是生命中的头等大事。每年春天和初夏，在万物生长、食物丰富的季节，它们会换上一身绚丽的饰羽来吸引异性。有些鸟的脸蛋、嘴巴、脚掌会长出比原来艳丽的颜色，让自己变得更加靓丽迷人，这种颜色称为"婚姻色"。

这些艳丽的颜色，虽然让异性着迷，却也使得鸟儿变得醒目招摇，增加了被天敌捕获的危险，所以，繁殖期一过，鸟儿会换回原来保护色的羽毛。

池鹭（*Ardeola bacchus*）｜鹭科

小白鹭（*Egretta garzetta*）｜鹭科

牛背鹭（*Bubulcus ibis*）｜鹭科

黑脸琵鹭（*Platalea minor*）｜鹮科

卷叶湿地藓（*Hyophila involuta*） | 丛藓科

混凝土壁上的精灵 张力 / 摄

说到苔藓，你可能会联想到生长在昏暗角落里的低矮潮湿的"低等植物"。

但只要你凑近，你会发现一个奇妙的新世界。苔藓植物虽然体态细小、结构简单，既不开花，也不结果，但它们却形态多样，色彩斑斓。

苔藓的踪影遍布除海洋外的各种生境，它们在维持全球的水分平衡、减少土壤侵蚀、固碳及减缓全球变暖等方面，发挥着极其重要的作用。

除了在生态系统中担任不可忽视的功能，它们中的部分成员还具有药用价值，同时也可作为环境质量的指示植物、园林景观独特的植物材料……

苔藓植物是植物界多样性仅次于被子植物的第二大类群。目前，中国有 3300 种，广东则有 940 种，占据近四分之一。

龙眼鸡（*Pyrops candelaria*）| 蜡蝉科

灰姑娘龙眼鸡　　张韬 / 摄

每个人小时候都应该听过灰姑娘的故事,灰姑娘在魔法的力量下变成了公主。昆虫界里也有灰姑娘——龙眼鸡。

在华南地区生活的人对龙眼鸡一定不会陌生,它是昆虫界的美人儿,也是龙眼林、荔枝林里的常客,靠吸食这些树的汁液生活。龙眼鸡头上方鲜红的长鼻状凸起十分醒目,上面零星地点缀白点,因为这个长鼻又被称为长鼻蜡蝉。

龙眼鸡若虫长得十分低调,当你看到它的时候,绝对不会想到这竟是龙眼鸡的若虫。它的形状如同木头一般,跟树皮的颜色差不了多少,很难被发现。这种体表与周围环境相似的颜色,被称为保护色,是龙眼鸡若虫保护自己的绝招。

叉尾太阳鸟（*Aethopyga christinae*）｜太阳鸟科

深圳也有"蜂鸟"？

周忠孝 / 摄

叉尾太阳鸟在深圳分布较广，多见于中山、低山丘陵地带，栖于山沟、山溪旁和山坡上的原始或次生茂密阔叶林边缘，也见于村寨附近的灌树丛中，或活动在热带雨林和油茶林。它们常在高树顶上活动，尤其喜在槲寄生丛中或开花的树上、灌木丛中活动。

颜色艳丽的叉尾太阳鸟是深圳常见的留鸟，体格不及一部手机大；它喜欢飞到枝头的花朵上食蜜，又因它可以在花朵前悬飞，常常被人误认为是蜂鸟，但其实真正的蜂鸟只分布在西半球。

噪鹃（*Eudynamys scolopaceus*）| 杜鹃科

听其声不见其影　周忠孝 / 摄

噪鹃多单独活动，常隐蔽于大树顶层茂盛的枝叶丛中，一般仅能听见其声而不见其影，每年春天都能听到它的叫声，声音似"我饿我饿我饿……"。它的羽毛颜色偏暗，若不鸣叫，很难被发现。

噪鹃的繁殖期在3—8月，但它不自己营巢和孵卵，通常将卵产在黑领椋鸟、喜鹊和红嘴蓝鹊等鸟的巢中，由别的鸟代孵代育。

斑络新妇 (*Nephila pilipes*) | 园蛛科

斑络新妇 胡伟 / 摄

一般人都认为，弱肉强食，那些身体弱小、行动迟缓的动物肯定斗不过比自己身体高大、行动灵活的动物，但事实并非如此。计策、智谋和团体合作，加上毒液、粘网、牙齿、利爪，是以小胜大的法宝。就比如图片中的这只斑络新妇，它正在享用体格比它壮硕数倍的叉尾太阳鸟。

然而动物之间原始自然的猎杀一般不会影响生态平衡，它们在食物链上共生共长、相依相存，各种动物的数量和所占比例总是维持在相对稳定的状态。有些动物甚至有自觉的捕食节律，真正有能力破坏食物链的是人类。

八声杜鹃（*Cacomantis merulinus*）| 杜鹃科
长尾缝叶莺（*Orthotomus sutorius*）| 扇尾莺科

鸠占鹊巢　丘俊杰 / 摄

照片中看起来非常不协调的一对母子，其实是根本没有血缘关系的两种鸟儿："小个子母亲"是长尾缝叶莺，"大胖儿子"则是八声杜鹃。八声杜鹃会将卵产在其他鸟的巢中，由其他鸟（比如图片中的长尾缝叶莺）代为孵化和育雏，这种行为被称作"巢寄生"，也就是俗话的"鸠占鹊巢"。

在人类的道德观里，"鸠占鹊巢"是不能容许的行为，但在大自然里，寄生行为只是它们的生存策略，寄主也会有相应的反寄生机制，双方是军备竞赛式的协同进化，自然的现象没有好坏之谈。

褐头鹪莺 吴健晖/摄

一只捕食到蚂蚱还未来得及入口的褐头鹪莺，贪婪地盯着刚好飞来的蜜蜂。

"民以食为天"，对于动物来说更是如此。只是鸟儿娇小的体形、秀丽的羽毛、悦耳的歌喉掩盖了它作为掠食者的面目。看似柔弱娇小的动物，隐藏着一套独家的、鲜为人知、登峰造极的捕食本领。

褐头鹪莺喜爱生活在田野、湿地，它是农民伯伯的天然好帮手。

褐头鹪莺（*Prinia inornata*）| 莺科

◉ 茶翅蝽 严莹/摄

茶翅蝽的卵圆溜溜的，外形像乒乓球，直径只有几毫米。茶翅蝽若虫刚刚孵化出来时有一个特别的习性，像开会一样静静围在卵壳边不动，过上一段时间再四散开。这种临时性聚集是它们的生存策略，"虫多力量大"，遇到危险也可以相互通知、及时逃离。

茶翅蝽（*Halyomorpha halys*）| 蝽科

Fun Forest

缤纷森林

深圳是一个城市吗？是的。在这个不到 2000 平方公里土地上，伫立着高楼大厦，但同样也覆盖着亚热带丛林的山岭。

深圳大大小小的山林，草木茂盛，溪水潺潺，云雾缭绕。上万种缤纷的生命繁衍，其中大到上百斤重的野猪，小到肉眼几乎看不见的浮游生物，桫椤上万年里容貌都未曾改变，热情张扬的马缨丹一年四季都在开放，这里是万物共生的家园，是深圳人应该珍惜呵护的生境。

深圳位于亚热带的北部，延绵的山丘上，天然的植被本应该是茂盛的热带雨林，只是千百万年里，一代又一代的人开垦砍伐，原始的雨林早已消失，雨林中的亚洲象、华南虎、豹子也依次在不同的年代绝迹了。

蛇雕 (*Spilornis cheela*) | 鷹科

蛇雕 吴健晖 / 摄

蛇雕是广东较常见的大型猛禽之一,是捕蛇高手。

它的身体构造天生就是为捕蛇而生——腿短似钳子,用以紧握身体细滑的蛇;厚厚的羽毛如盾牌,可抵挡尖锐的蛇牙;还有一块强壮的颚肌,能将蛇直接在嘴里挤压成肉球。

在民间传说中,蛇常常代表邪恶,而雕则是正义和力量的象征。但其实它们都是生态链中的一员,不可或缺。

蛇雕 (*Spilornis cheela*) | 鹰科

隐形超能力

陈久桐 / 摄

不用去电影院,也不用去翻小说漫画,其实我们身边就有很多超能力者。耳叶蝉是一种具有"隐形"超能力的小家伙,它靠吸食树或草本植物的汁液为生。

小时候的耳叶蝉非常薄,全身透明,趴在叶子上几乎看不到,隐蔽效果非常好,但变成成虫就是另一副模样了。

耳叶蝉 (Ledrinae) | 叶蝉科

蟒蛇吃羊 陈宗兴/摄

在深圳,蟒蛇并不多见,它们主要生活在深港边界线的无人区、内伶仃岛保护区和人迹罕见的山里深处,是国家重点保护动物。

蟒蛇是原始的蛇类之一,体格大,胃口也大,一次可吞下和自己体重相等甚至超过自己体重的猎物。内伶仃岛上的这条蟒蛇,吞下整整一只羊。蟒蛇的猎食方式十分独特,抓获到猎物后用身体紧紧缠住,在猎物心跳的位置用力挤压,使猎物血液停止流动而死亡,然后不经咀嚼,囫囵吞下;进食猎物后,它可以在长时间都不捕猎。但是一旦受惊,它就会把吞下的东西吐出来,以预备快速逃生。

吞下了一只小羊的蟒蛇

缅甸蟒（*Python bivittatus*）| 蟒科

吊钟花（*Enkianthus quinqueflorus*）| 杜鹃花科

被名字改变命运的吊钟花 狄春华 / 摄

吊钟花，花朵如同小小的铃铛，晶莹剔透，在阳光下如琉璃般耀眼，又像玉器般温润。"铃铛"少则四五只，多则八九只，长长短短聚集在一起。风吹过，小小的"铃铛"摇晃着，又多了俏皮之姿，闭耳倾听，仿佛可以听到清脆的铃声。

深港两地的人素来喜爱吊钟花，因其花形优美，花期集中在春节前后，又被称为"中国新年花"。人们把深色的花称为"金钟"、浅色的花称为"银钟"。"金钟一响，黄金万两"，寓意着财富滚滚来。又因为吊钟花开在枝头，被赋予高中科举的含义。人们将其带回家，祈求带来好运，却导致野生的吊钟花数量越来越少。

近年来，野生吊钟花数量逐渐有所恢复，一是因为当地政府采取了保护措施，二是由于"吊钟"与"吊终"音近似，不够吉利。

成败皆因名字，名字是人们赋予的，意义也是人们赋予的，人们认为的好运与歹运，在不经意间也影响了植物的好运与歹运。

巢穴食蚜蠅－成虫

蚂蚁窝里的育儿房 黄宝平 / 摄

昆虫界中,蚂蚁窝是最舒适最安全的巢穴,这得益于蚂蚁是社会性昆虫。蚂蚁会未雨绸缪,准备充足的食物;会分工寻找食物与筑巢;遇到危险,成千上万的蚂蚁都会化身卫士去搏斗。

于是,蚂蚁窝里常常吸引了一批"好吃懒做"的住客,其中巢穴食蚜蝇,就悄悄地把蚂蚁窝当作"育儿房"。

这种食蚜蝇的幼虫浑身洁白,形状如半个西瓜,倒扣在地上,后端有一个红褐色的凸起,是它的呼吸管。多次蜕皮后,幼虫准备化蛹,这时幼虫最后脱的皮会形成蛹壳,将幼虫保护起来,身体也从乳白色变成棕褐色。

食蚜蝇是如何将卵产在蚂蚁窝里的?幼虫又是如何避开蚂蚁的追杀的?大自然无奇不有!

巢穴食蚜蝇 – 卵

巢穴食蚜蝇 – 蛹

巢穴食蚜蝇 – 幼虫

蛹和细足捷蚁

巢穴蚜蝇(Microdontinae)| 食蚜蝇科 **细足捷蚁**(*Anoplolepis gracilipes*)| 蚁科

野猪（*Sus scrofa*）| 猪科

家猪的祖先　李成 / 摄

野猪的生存能力极强。一只在山野间生长和奔走的野猪，有一个百毒不侵的胃，竹笋、草药、鸟蛋、蘑菇、野兔、山鼠、毒蛇、蜈蚣，任何东西都可下肚，但从不会食物中毒；它们还有一个健壮的身体，为争夺雌性追逐与格斗，在地上摩擦獠牙庆祝胜利，在树丛里撒尿宣示领地。但因为人的滥捕和栖息地的减少，野猪数量剧减，是国家保护动物。

毋庸置疑，我们今天肉类食物主要来源之一的家猪，就是 8000 年前由野猪驯化而来的。

白唇竹叶青（*Trimeresurus albolabris*）| 蝰科

繁花林蛇（*Boiga multomaculata*）| 游蛇科

有这么多的蛇是深圳的幸运   刘佳 / 摄

在深圳山野行走,时不时就会见到蛇,有细小如蚯蚓的钩盲蛇,有像小胳膊一样粗壮的蟒蛇,有斑斓如画的金环蛇,有翠绿如碧的白唇竹叶青。

只是,经常连相机都来不及举起来,它们就已经逃得无影无踪,蛇见到人后的惊恐、张皇,和人见到蛇后的紧张、惧怕,应该是相同的。

事实上,大部分蛇并不主动攻击人。在深圳,蛇处在食物链较高的位置,它的食物主要是鸟、鼠、蜥蜴、蛙、小鱼、昆虫;在大自然里,青草-昆虫-蛙、蜥蜴-蛇-鹰……是完整的食物链,所有的生命都通过食物链的关系相互依存、相互制约,一旦食物链的某一环节出现问题,整个生态系统的平衡就会崩溃。如果深圳没有较好的植被、丛林和水质,没有好的自然环境,也不会有这么多五花八门的蛇。

所以,在深圳,有这么多种蛇,是一种福气。

翠青蛇 (*Ptyas major*) | 游蛇科

缤纷森林

钩盲蛇（*Indotyphlops braminus*）| 盲蛇科

黑斑水蛇（*Myrrophis bennettii*）| 游蛇科

银环蛇（*Bungarus multicinctus*）| 眼镜蛇科

金环蛇（*Bungarus fasciatus*）｜眼镜蛇科

红脖颈槽蛇（*Rhabdophis subminiatus*）｜游蛇科

铅色水蛇（*Hypsiscopus plumbea*）｜游蛇科

大白鹭（*Ardea alba*）| 鹭科

白鹭的爱情故事 欧鹏/摄

大白鹭和小白鹭,在广东各地的池塘、湿地很常见,几乎世界各地都有它们的身影。

在繁殖季节,小白鹭的头顶后方会长出两条细长的饰羽,背部和胸部均披着白色蓑羽;而大白鹭的脸颊裸露的皮肤变成耀眼的蓝绿色,肩上和背部生有三组长而直的羽毛,一直延伸到尾端,像披着一身蓑衣。这时候,雄性间会开始伴侣争夺大战,赢者则能抱得美人归。大白鹭和小白鹭一般会筑巢于树上,搭建起"爱的小屋"。

小白鹭(*Egretta garzetta*) | 鹭科

斑头鸺鹠 欧鹏 / 摄

斑头鸺鹠是中国第二小的猫头鹰。虽然猫头鹰是夜行动物，但只要留心观察细心寻找，白天也可以在丛林里发现它们的倩影。

斑头鸺鹠喜爱捕食鼠类，会将猎物整个送入口中，不能消化的骨骼、羽毛等，会形成小团吐出，像是把"丸子"吐出来。这团"丸子"可以为研究猫头鹰的食性提供许多信息。

斑头鸺鹠（*Noctua cuculoides*） | 鸱鸮科

如果把斑头鸺鹠比喻为某种机器，那它一定是卧底侦查的好帮手。斑头鸺鹠的脑袋可以转动240度，还拥有110度的视野，所以它不移动身体就可以观察周围。

斑头鸺鹠经常在黄昏的时候，此起彼伏地唱和着，就像是在通知自然万物，黑幕即临……

缤纷森林　063

二色卷瓣兰（*Bulbophyllum bicolor*）｜兰科

◎ 山间精灵　　王晓云 / 摄

兰花，这种颇受中国人热爱的植物，宁静、淡雅、秀丽。它们有些悄悄依附在石壁和大树上，有的藏头匿足地躲在灌木丛中，但大多数人却只能在盆栽中欣赏它的美。

兰花平日混迹于杂草之中，花期不到时，难觅踪影。待到花开，它们像女大十八变的姑娘，用斑斓的色彩、奇妙多变的花型向世间宣告着自己的身份。

这些生长在幽深山谷里的兰花，一代又一代听风对云，啜雨饮露，养成了天然生长的本性。很多野生兰花一旦被人采摘、移动、圈养，就会像不肯被奴役的生命一样，倔强地死去。

所以，请不要去随意采摘它们。

苞舌兰（*Spathoglottis pubescens*）| 兰科

密花石豆兰（*Bulbophyllum odoratissimum*）| 兰科

斑唇卷瓣兰（*Bulbophyllum pecten-veneris*）| 兰科

香港带唇兰（*Tainia hongkongensis*）| 兰科

三褶虾脊兰（*Calanthe triplicata*）| 兰科

探照灯

吴健晖 / 摄

体形娇小、萌态十足的领角鸮是夜行动物，白天多躲藏在树上浓密的枝叶丛间，晚上才开始活动，飞行轻快无声。它鸣声低沉，就像一连声的"不、不、不、不"。

领角鸮的那双宛如探照灯的大眼睛，可以增加进光量。它的眼球焦距较短，短焦距和大瞳孔可以提高其夜间成像的清晰度。领角鸮视网膜上视杆细胞的密度很大，极大地增强了它在黑暗环境中的捕光能力，即便是在深夜也能看清猎物的一举一动。

领角鸮虽然看起来很呆萌，但它绝对是夜间的顶级猎手。

领角鸮（*Otus bakkamoena*）| 鸱鸮科

深圳常见六大有毒植物　　吴健梅 / 摄

我们常说，毒如蛇蝎。事实上，在深圳，每年植物中毒导致死亡的案例，远远多于蛇对人的伤害。

植物为什么有毒？原因很多，最主要是保护自己，防御被动物伤害。毒素是植物最有效的防御武器。因吃了某种植物而死去的动物，对其他动物来说是最严重的警告。还有一些是植物体内自然产生的新陈代谢物，比如植物碱，会对一些动物有毒，对另外的却全然无事。

深圳的有毒植物，一些是野生的，生长在山岭田野里；另一些是人工栽培的园林植物，在小区、公园、街道两旁都会遇到。认识这些有毒植物，可以避免不必要的伤害和损失。这不仅是尊重爱护其他生命，也是保护自己的生命。

钩吻（*Gelsemium elegans*）｜马钱科

海芋（*Alocasia macrorrhiza*）｜天南星科

海杧果（*Cerbera manghas*）｜夹竹桃科

羊角拗（*Strophanthus divaricatus*）｜夹竹桃科

牛眼马钱（*Strychnos angustiflora*）｜马钱科

夹竹桃（*Nerium oleander*）｜夹竹桃科

南方红豆杉（*Taxus wallichiana* var. *mairei*）｜红豆杉科

深圳的绿色遗产

吴健梅 / 摄

地处亚热带海洋性季风气候里的深圳,约有1850种野生植物,其中有国家级珍稀濒危保护植物19种。

和所有其他的生命一样,每一种植物都是经过漫长的进化才延续到今天,从35亿年前的单细胞藻类开始,各种植物都在千变万化的环境下拓展生命。物竞天择,适者生存,无法应对环境变化的植物被大自然淘汰,在地球上永远消失了。留下来在深圳一代接一代繁衍的植物,是生命的机缘,是大自然留给深圳人的一份绿色遗产,我们要好好呵护。

金毛狗(*Cibotium barometz*) | 蚌壳蕨科

土沉香（*Aquilaria sinensis*）｜瑞香科

珊瑚菜（*Glehnia littoralis*）｜伞形科

金花茶（*Camellia nitidissima*）｜山茶科

苏铁蕨（*Brainea insignis*）｜乌毛蕨科

仙湖苏铁（*Cycas fairylakea*）｜苏铁科

匙叶茅膏菜（*Drosera spathulata*）｜茅膏菜科

猪笼草（*Nepenthes mirabilis*）｜猪笼草科

圆叶挖耳草（*Utricularia striatula*） | 狸藻科

需要吃"肉"的植物 吴健梅 / 摄

在好莱坞的科幻电影里，常常会看到巨大的植物将人吞噬的场面，这只是编剧和导演吸引眼球的想象。但现实生活里的确有食肉的植物，在深圳就有着 10 余种食虫植物。

植物为什么要捕虫呢？这是因为捕虫植物们虽然能从土壤中获取养分，但这不足以支撑开花结果繁殖期间的养分消耗，所以需要通过捕吃虫子来补充养分。

需要替食虫植物辩解的是，不管它们的陷阱设在空中、地面还是水里，陷阱本身都是特化的叶子，而不是花，诱捕猎物并消化吸收的大都是叶片，电影里出现的食人花只是想象。

拉土蛛（*Latouchia* sp.）｜盘腹蛛科

颠蟷有盖 张韬 / 摄

唐代小说《酉阳杂俎》记载："颠蟷，案深如蛐穴，网丝其中，土盖与地平，大如榆荚，常仰捍其盖，伺蝇蚁过，飘翻盖捅之，才入复闭，与地一色，无隙可寻也。"

颠蟷，即拉土蛛，这种神奇的小蜘蛛会利用土壤、植被和丝建造圆圆的洞门，平时将洞口盖住，用丝充当合页设置陷阱，自己躲在盖子下面的洞里面。当有其他小虫子经过洞口，触动丝线，它就会冲出来把小虫子拖进洞里把它们吃掉。这些圆圆的盖子盖住洞口，天衣无缝，如果不仔细看，很难被发现。

缤纷森林

豪猪 陈久桐/摄

寻找豪猪的踪迹，除了粪便与脚印，还可以在地上找一找有没有它身上掉下的棘毛。

因为，如果豪猪被惹恼了，它会把屁股朝向敌人，倒退着走，试图用棘毛扎向敌人。长棘毛十分松散，容易直接掉出牢牢扎在敌人身上，严重时可致死。但其一般受到惊吓只会竖立身上的棘毛、不停地踏步，看上去体形倍增，用以吓唬敌人。

满载"武器"看似危险的豪猪，其实是食草型动物，只是偶尔吃吃腐肉。

在传统观念里，人们认为豪猪肉具有润肠通便、养阴除热、健胃益肺的功效。因此，即使豪猪长着一身利刺、隐蔽在深山老林里，人们也会千方百计捕杀它，如今豪猪已到了濒临灭绝的境地。

豪猪（*Hystrix brachyura*）| 豪猪科

红颊獴 陈久桐 / 摄

红颊獴又叫斑点獴、赤面獴等，在深圳极为少见。它善于游泳，能攀援上树，但并不生活在树上，它喜爱挖穴做巢。如果你去过香港米埔保护区，会发现水塘沿路密集的草丛里，有一个个明显的圆洞，就是红颊獴的出行通道了。

红颊獴喜欢白天活动，又喜欢晒太阳，所以又有"日狸"的称谓。看起来俏皮可爱的它，其实生性凶猛，喜爱吃蛇，甚至能捕食剧毒的眼镜蛇，这得益于它身上有蛇毒的抗体。

红颊獴曾被认为是人们引入农田以防治鼠害的，但因给部分地区带来一定威胁，遂被列入世界百大外来入侵物种。

红颊獴（*Herpestes javanicus*）| 獴科

凤头鹰 南兆旭/摄

天空本是鹰翱翔的家园,这只凤头鹰却陷入捕鸟网中,如果它没有被及时救出,很有可能就会精疲力尽直至失去生命。

凤头鹰是候鸟,也许,它正是在飞向北方的途中不幸落进了陷阱。此事被媒体接连报道,引起了社会各界的关注。深圳也因此颁布相关法令,全市列为禁猎区。

凤头鹰(*Accipiter trivirgatus*)│鹰科

猕猴（白化） 欧鹏 / 摄

一只刚出生十天的白化猕猴，由于红眼怕光，躲在了母亲的怀抱里。

在野外，由于猴类群体小，白化猕猴的自然淘汰率高，也很难遗传，所以白化病对种群的危害不大。

白化病，是猕猴的基因突变引起的遗传疾病，出现的概率是十万分之一，非常罕见。但对于人类来说，白化病在基因和免疫能力方面有很高的研究价值。

猕猴（*Macaca mulatta*）| 猴科

一段完整的未被污染损害的海岸通常分为溅浪区、潮间带和近海区。

溅浪区为海边的动物提供了基本的食物和庇护所；涨潮时潮水的最高点和落潮时潮水退去的最低点之间是潮间带，生活着众多的海藻、水鸟和螃蟹；近海区是水深 200 米以内的水域，阳光可以穿透的海域里生长着珊瑚、海鱼和螺贝。三个区域里的生命息息相关，环环相扣。

新月锦鱼 王炳 / 摄

新月锦鱼栖息在珊瑚礁岩水域，以底栖生物与鱼卵为食。许多鱼类都有变性的能力。如果新月锦鱼的群体雌雄数量失去平衡，一部分鱼会选择变性，以此来保证其繁殖率与群体活力。

据说，新月锦鱼的名字由来，在于它的尾巴。当它的尾鳍充分展开的时候，那轮金黄色的新月就清晰地展现在我们面前，在红、绿、蓝色的衬托下，显得格外醒目。

新月锦鱼（*Thalassoma lunare*）| 隆头鱼科

海岸精灵

抹香鲸（*Physeter macrocephalus*）| 抹香鲸科

◎ 抹香鲸救助   沈晓鸣、王晓勇 / 摄

2017年3月12日，一头抹香鲸出现在深圳的大亚湾。被渔民发现的时候，它那庞大的身躯已被缠满了废弃的渔网。闻讯而来解救抹香鲸的是深圳"潜爱大鹏"的三名潜水员义工，他们下水、靠近，用人类的冶金技术锻造的潜水刀，把所有的渔网都清理干净，还从它嘴里掏出了一大团渔网。

在接下来的三天时间里,各地许多相关人员组成救援团队,不间断地守护着这头抹香鲸。然而,它的身体太过虚弱,最终还是离开了我们。

现代渔网看似细若无物的尼龙纤维,具有高强韧性,竟能困住来自深海巨物的龙鲸之力。而远在百年前,渔民会使用细麻绳做渔网,海水长久浸泡就会腐烂,鲸鱼受困后能够轻易挣脱。同样是渔网,落网的鲸鱼命运各异,值得我们深思。

把儿女含在嘴里 王炳/摄

动物为了呵护下一代，用尽了智慧与能力，大鹏湾里口孵非鲫保护儿女的场面，温馨而令人感动。

这是一只正在照顾口孵非鲫宝宝的口孵非鲫妈妈，下巴隆起；到了安全的地方，口孵非鲫妈妈就把宝宝们吐出去，让宝宝们觅食、玩耍。口孵非鲫妈妈就在边上陪着宝宝们，用慈爱的目光注视着它们，并警惕地观察着四周的动静。当察觉有危险，口孵非鲫宝宝会井然有序地迅速撤回到妈妈口中藏好。

Coast Elf

海岸精灵

口孵非鲫（*Oreochromis* sp.）｜丽鱼科

吃素的有房一族 王炳 / 摄

寄居蟹虽然名字里有"蟹",但它们并不是螃蟹,而是螃蟹的近亲。寄居蟹常居住在壳中,以保护柔软的腹部,随着身体的长大,它们需要寻找更合适的壳来居住。

深圳有很多不同种类的寄居蟹,有些是肉食性的,而有些是藻食性的。这只兰绿细螯寄居蟹的螯指是马蹄形的,是一种藻食性的寄居蟹,马蹄形的螯指刚好可以刮食生长在礁石上的各种海藻。

兰绿细螯寄居蟹(*Clibanarius virescens*)
活额寄居蟹科

白纹方蟹（*Grapsus albolineatus*） | 方蟹科

◉ 自由生命的模样　　王炳 / 摄

99% 的深圳人对海洋生命的认识，除了去海洋馆外，就是大街小巷星罗棋布的海鲜池。然而人们对鲜活海味的迷恋，带来最直接的一个后果是，深圳近海承受着毫无节制、断子绝孙般的捕捉，四个海湾基本无大鱼可捕，无成年的海鲜可采。我们在海鲜池前点上的那些生猛海鲜，90% 来自外地，甚至来自国外。

当它们被白灼、清蒸、红烧后端上餐桌，没多少人能想到它们在海洋里自由舒展身体的曼妙模样，想到它们和礁石、珊瑚、水草融为一体的生存情景。事实上，所有的生命，在自由时、在原生态的环境中生长时，是最美丽的。

玉足海参（*Holothuria leucospilota*）｜海参科

莱氏拟乌贼（*Sepioteuthis lessoniana*）｜枪乌贼科

底栖短桨蟹（*Thalamita prymna*）｜梭子蟹科

刺冠海胆（*Diadema setosum*）｜冠海胆科

短嘴格 吴伟/摄

每年11月，流经深圳的海南海流被源自赤道北部的黑潮取代，黑潮海流携带着温暖而盐度高的海水，由太平洋经吕宋海峡来到深圳，其间，冬季季候风还会将台湾海峡海流推移经过深圳，带来东海温和而盐度低的海水。

得益于来自各个方向的温暖海流，深圳的海域即使在冬天也能保持在15—23摄氏度，这是丰富的热带及亚热带物种能够在深圳水域生存的主要原因。

鹰金鯭的别名叫"短嘴格"，它们会以一停一动的方式游动，常停在珊瑚或礁盘高处，如老鹰般伺机伏击小鱼或底栖甲壳类动物，外表看似温顺却是性情凶猛的肉食性鱼类。

鹰金鳉（*Cirrhitichthys falco*）｜鳉科

海里大圆球　　吴伟 / 摄

纹腹叉鼻鲀号称世界上最毒的鱼，在深圳经常能见到。它的相貌丑陋，但色彩艳丽，遇到危险后就会膨胀成一个大圆球，同时把身上的刺竖起来；它的卵巢、肝、肠、皮肤、骨，甚至血液中都含有一种神经毒素——河鲀毒素。

河鲀毒素的毒力与生殖腺活性密切相关，在繁殖季节前达到最高。如果有人在这个季节中不慎吃了这种鱼，2小时内便可能死亡。河鲀毒素中毒是海洋生物中毒中最剧烈的一种。

纹腹叉鼻鲀（*Arothron hispidus*） | 四齿鲀科

霍氏滨虾（*Ancylomenes holthuisi*）｜长臂虾科

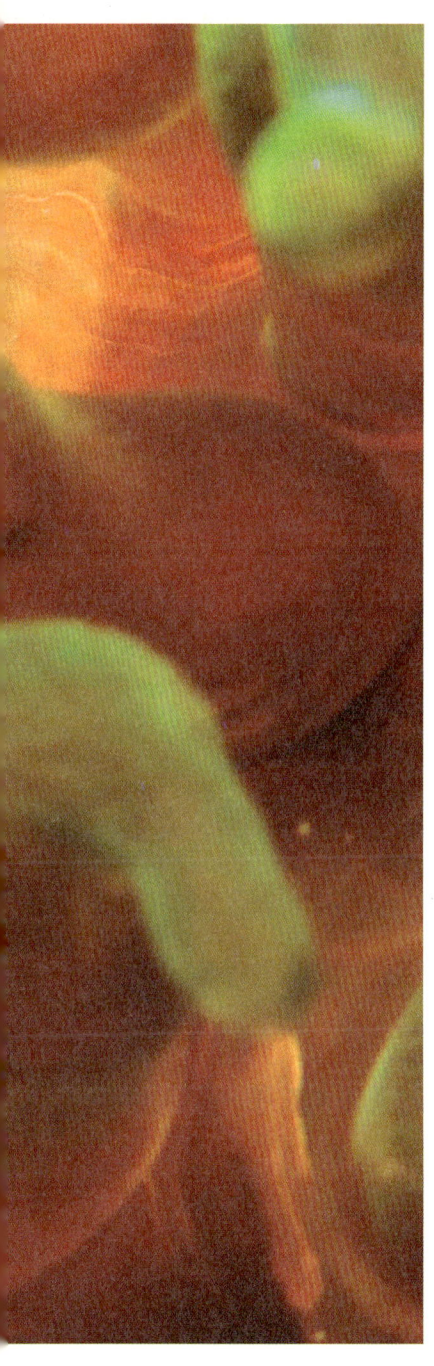

霍氏滨虾的好邻居们 吴伟/摄

霍氏滨虾也叫海葵虾，与海葵是共生的关系。海葵有刺细胞的触手，能保护小丑鱼与霍氏滨虾；小丑鱼与霍氏滨虾则为海葵清理寄生虫、淤泥与黏液。

有趣的是，身体只有1厘米长的霍氏滨虾本应是小丑鱼的食物，但它们却能和平相处。正因为霍氏滨虾也会为小丑鱼清洁身体，所以小丑鱼不会轻易吃掉这位勤劳的好邻居。

小丑鱼（*Amphiprion clarkii*）| 雀鲷科

海岸精灵 105

角眼沙蟹（*Ocypode ceratophthalmus*）| 沙蟹科

◎ "蟹"逅众生 严莹/摄

在深圳的大鹏半岛，咸淡水交界的潮间带和沙滩上生活着各类色彩缤纷、形态各异的螃蟹。每当退潮时，它们就三三两两地出来活动了。招潮蟹的雄蟹挥舞着夸张的大钳子，向同性示威，召唤异性。角眼沙蟹是速度飞快的"沙马仔"，跑起来人都很难追上。厚蟹则有着一对粗壮的钳子。在这里邂逅它们，在这里看到它们觅食、求偶、繁殖……一派生机勃勃的景象。

丽彩招潮蟹（*Uca splendida*）｜沙蟹科

北方凹指招潮蟹（*Uca borealis*）｜沙蟹科

台湾厚蟹（*Helice formosensis*）｜方蟹科

被"鬼网"困住的蟹

褐篮子鱼（*Siganus fuscessens*）｜篮子鱼科

褐篮子鱼（*Siganus fuscessens*）｜篮子鱼科

横纹九棘鲈（*Cephalopholis boenak*）｜鮨科

平鲷（*Rhabdosargus sarba*）｜鲷科

"鬼网"

张玉香 / 摄

在深圳美丽的大鹏湾与大亚湾海面下,许多海洋动物因废弃的渔网而被困住,鱼被勒住身体无法前行,蟹被缠住用来搏斗和吃饭的大钳子,珊瑚被遮挡了阳光,许多动物因此死亡。这是可怕的"鬼网",如同阎罗殿的入口,一触碰就进入鬼门关。

幸好,在深圳有潜水员定期清理废弃的渔网,拯救在"鬼网"中挣扎的生命。这早已是一项长期的水下清洁工作。

缪氏哲蟹(*Menippe rumphii*)| 哲蟹科

孟加拉豆娘鱼(*Abudefduf bengalensis*)| 雀鲷科

来深变成圆滚滚 朱兴超 / 摄

每年 1 月到 9 月、10 月，当气候、日照、风向、风速都合适时，在遥远的北方一些鸟儿就开始了一路向南，途经深圳，甚至终点就是深圳的迁徙。这些由北方来到深圳过冬的候鸟属于"冬候鸟"，泽鹬便是其中的一员。

泽鹬（*Tringa stagnatilis*）| 鹬科

它们一路越过数不清的艰难和凶险，最后来到中国南部的深圳湾栖息停留时，已经饥肠辘辘、骨瘦如柴。所幸深圳湾有着丰富的食物，泽鹬来到深圳后，不久就能变成一只又一只的"圆滚滚"。

普通鸬鹚（*Phalacrocorax carbo*）｜鸬鹚科

鸬鹚抢鱼 朱兴超 / 摄

鸬鹚被称作鱼鹰,捕鱼本领非常高超。它有一张长长的带着钩子的嘴,善于快速潜水,无论在清澈还是浑浊的水里,鸬鹚都能在水中追逐鱼类时间达40秒,但一定要浮出水面才能吞咽。正是这一点往往被人类利用——千百年里,人们把鸬鹚驯养成为人捕鱼的鱼鹰,将稻草或金属环套在鸬鹚的脖子上,防止它捉到鱼以后吞食。主人取下它衔回的大鱼,再喂点小鱼作为奖励。

由于长期大量被捕捉和环境破坏,鸬鹚野生种群数量已变得很稀少。驯养鱼鹰,在一些国家和国内一些省份已被严格禁止。

黑尾塍鹬（*Limosa limosa*）| 鹬科

赤颈鸭（*Anas penelope*）| 鸭科

针尾鸭（*Anas acuta*）| 鸭科

红脚鹬（*Tringa totanus*）| 鹬科

白眉鸭（*Anas querquedula*）| 鸭科

候鸟：千里来相见 朱兴超/摄

每年 1 月到 9 月、10 月，在遥远的北方——最远的到了 1 万公里之外的西伯利亚，一些鸟儿就开始变得焦躁不安，它们开始失眠、鸣叫，在黑夜里变得特别活跃，并不断向着迁徙方向试飞。

陷入迁徙性焦躁的鸟儿就像一位春节前张罗着买票准备回家的游子。当气候、日照、风向、风速都合适时，这些鸟儿就开始了一路向南，途经广东的一些沿海城市，部分会停留下过冬。

世界上 9 条候鸟迁徙线路，有 4 条经过中国。所有的迁徙都要付出代价，候鸟也不例外。体力的大量消耗、极端气候的出现、迁徙方向定位的错误、新环境的不熟悉、天敌的猎杀，尤其是要经过大地的候鸟，还要面对难以想象的凶险——人为的捕杀与越冬栖息地的被破坏。

琵嘴鸭（*Anas clypeata*）| 鸭科

凤头潜鸭（*Aythya fuligula*）| 鸭科

绿翅鸭（*Anas crecca*）| 鸭科

黑翅长脚鹬（*Himantopus himantopus*）| 反嘴鹬科

海岸精灵

斑鱼狗   田穗兴 / 摄

斑鱼狗是翠鸟科的一种，体色以黑白为主，一条白色眉纹穿过眼睛。它有着高超的捕鱼技术，喜欢活跃在较大的水体及红树林中，是唯一喜欢盘桓在水面上觅食的鱼狗。

当它发现水中活跃的猎物，便会悬停在空中，瞄准后下冲，头部进入水中后，还能迅速调整水中因为光线变化造成的视角反差以捕获猎物，是当之无愧的"捕鱼王"！

斑鱼狗（*Ceryle rudis*） | 翠鸟科

海岸精灵　117

大弹涂鱼 田穗兴 / 摄

在潮水退去的滩涂上，大弹涂鱼像体操运动员一样腾空而起，蜷缩、舒展、翻滚，动作一气呵成。即使水中有足够的空气，弹涂鱼也喜欢跳跃起来呼吸氧气，同时向四周显示自己在领地的主权。

大弹涂鱼生活在世界上物种最多样化的生态系统之一——红树林湿地，它是每年冬季候鸟重要的食物来源。

大弹涂鱼（*Boleophthalmus pectinirostris*）
鰕虎鱼科

黑脸琵鹭　　田穗兴 / 摄

深圳湾曾是黑脸琵鹭的全球第二大越冬地。

平心而论，深圳并不是对黑脸琵鹭友善的城市。我们不停地在深圳湾砍伐红树，填埋湿地，污染海水，盖高楼、建豪宅。尤其不可理解的是，这个人均GDP已超过1万美元的都市，海湾里依然游荡着屡禁不止的盗渔者，抢夺候鸟的食物。

即使这样，每年，黑脸琵鹭依然如期而至。一个城市的美好，不仅仅是林立的高楼、繁华的街景；不仅仅是流光溢彩的霓虹灯、琳琅满目的奢侈品。一个城市温良、宽厚、宁静的美好，还在于有南来北往的候鸟停留，还在于这个城市会善待和挽留它们。这个汇集来自五湖四海的人的移民城市，更应该和迁徙的鸟儿相亲相爱。

黑脸琵鹭（*Platalea minor*）| 鹮科

岩鹭 田穗兴 / 摄

岩鹭是鹭鸶家族中非常特别的成员,它们属于典型的海岸鸟类,主要生活于热带、亚热带海洋中的岛屿和沿海海岸一带。它全身黑色,脚黄色,很容易识别。

岩鹭喜欢栖息在多岩礁的海岛和海岸岩石上,常常单独活动,每一只都有着自己的一块领地,它们在各个岩石上空来回飞行捕食,只有在非繁殖期才偶尔四处游荡。

岩鹭(*Egretta sacra*) | 鹭科

海岸精灵

猎食者游隼 邢东耀/摄

游隼是深圳湾冬候鸟里体形比较大的隼类，性情凶猛的中等猛禽。一夫一妻制，深圳湾多见一对。主要捕食鹬、鸭、鸥、鸠鸽类等中小型鸟类，大多数时候都在空中飞翔巡猎。它们发现猎物时首先快速升上高空，占领制高点，然后将双翅折起，使翅膀上的飞羽和身体的纵轴平行，头收缩到肩部，以每秒钟75—100米的速度，近似垂直地从高空俯冲而下。靠近猎物的时候，稍稍张开双翅，利用高速俯冲的冲击力以后趾猛力击打或用尖锐如匕首般锋利的脚爪一把攫住猎物，致其受伤或立即毙命。

深圳湾的黑翅长脚鹬和反嘴鹬数量多，飞行速度慢，常散布于滩涂上，是游隼最喜欢捕猎的美食。游隼常将猎物带到一个较为隐蔽的地方，用双脚按住，用嘴剥除羽毛后再撕裂成小块吞食。

黑翅长脚鹬（*Himantopus himantopus*）｜鹮科
游隼（*Falco peregrinus*）｜隼科
反嘴鹬（*Recurvirostra avosetta*）｜反嘴鹬科

黑尾塍鹬　邢东耀 / 摄

黑尾塍鹬的嘴、脚、颈皆较长，是一种身体细长而色彩鲜艳的中型涉禽，在冬季的深圳湾常集成大群活动。主要以水生和陆生昆虫、昆虫幼虫、甲壳类和软体动物为食。深圳湾的大群候鸟中，飞行姿势最整齐、飞行技巧最高超者，非黑尾塍鹬莫属。

黑尾塍鹬（*Limosa limosa*）｜鹬科

在夕阳的照映下，这些水鸟在空中起舞或腾空向上，或回转翻飞，构成一幅幅泼墨水彩画。随着候鸟飞行姿势的变化，鸟浪显现出黑、白、金等不同颜色，场面壮观。

角眼切腹蟹（*Tmethypocoelis ceratophora*）｜沙蟹科

角眼切腹蟹 严莹/摄

角眼切腹蟹是一种长得非常滑稽的小螃蟹，个头只有1厘米。它们有一个招牌动作，高高地举起双螯，再收回到眼窝两侧，最后有一个向下切的动作回到腹部前方，不断重复，像是日本武士道里的"切腹"动作，故名角眼切腹蟹。

苍鹭 朱兴超/摄

在广东的水库和池塘边，常常见到苍鹭淡定的身影，像一个正在练功的武士。它们也被称作"长脖老等"：长长的脖子缩在两肩之间，一只脚收在肚子下面，单腿站立。如果不被人惊扰，它们常常可以静立数小时，一动不动。在整个中国，因为栖息地的减少及生存环境的恶化，苍鹭的数量在近 30 年里减少了三分之二。

苍鹭（*Ardea cinerea*）| 鹭科

反嘴鹬 朱兴超 / 摄

反嘴鹬是广东最常见的冬候鸟之一,喜欢群居,我们常常可以看到上百只反嘴鹬聚集在滩涂上。

反嘴鹬最大的特征,是那个像钩子一样向上弯曲的嘴巴。它主要吃水里的小鱼和贝类,长长弯弯的嘴伸入水中或稀泥里,左右来回扫动,边走边啄食。

反嘴鹬还是一个卖力的"演员",当它和幼鸟遇到天敌,它会假装断了翅膀,将其从幼鸟身边引开。

反嘴鹬(*Recurvirostra avosetta*)|反嘴鹬科

黑水鸡 朱兴超 / 摄

这种在水上微波凌步、准备起飞的黑水鸡，是每年迁徙来广东的水鸟，大部分会选择在海湾和海岸边落脚。但黑水鸡不喜欢咸水，更愿意栖息在有着茂密芦苇和水草的淡水水面上。遇到危险，它能将整个身体潜藏在水下，只留鼻孔露出水面呼吸。

它十分善于游泳和潜水，能潜入水中较长时间和潜行达 10 米以上，喜欢活动在临近芦苇和水草的开阔深水面上。

如果没有人千方百计地捕杀它们，它们将会是广东的湖边、水库里最常见的水鸟。在网络上搜索"黑水鸡"，搜索结果排名第三的就是：如何用电媒（雌鸟或雄鸟的录音）捕捉黑水鸡？

黑水鸡（*Gallinula chloropus*） | 秧鸡科

琵嘴鸭 朱兴超/摄

如果你在海边看到琵嘴鸭，总会看到它们成对地游走。因为琵嘴鸭在广东越冬时，就已经找好对象；等春季到来，以对为单位组成小群体，迁徙到北方的繁殖地。到达后，雄鸟迅速占领巢域，而雌鸟紧接着筑巢。

琵嘴鸭的模样长得有点"三斤鸭子两斤半嘴"，嘴巴像个饭勺，又像个铲子，也被人叫作"铲土鸭"。

琵嘴鸭的大嘴不是用来喋喋不休的，在浅海泥浆里，大嘴能过滤出种子和小生物；在深水中，大嘴能兜住浮游生物，是真正的"饭勺"。

琵嘴鸭（*Anas clypeata*）| 鸭科

Stream Story

溪流物语

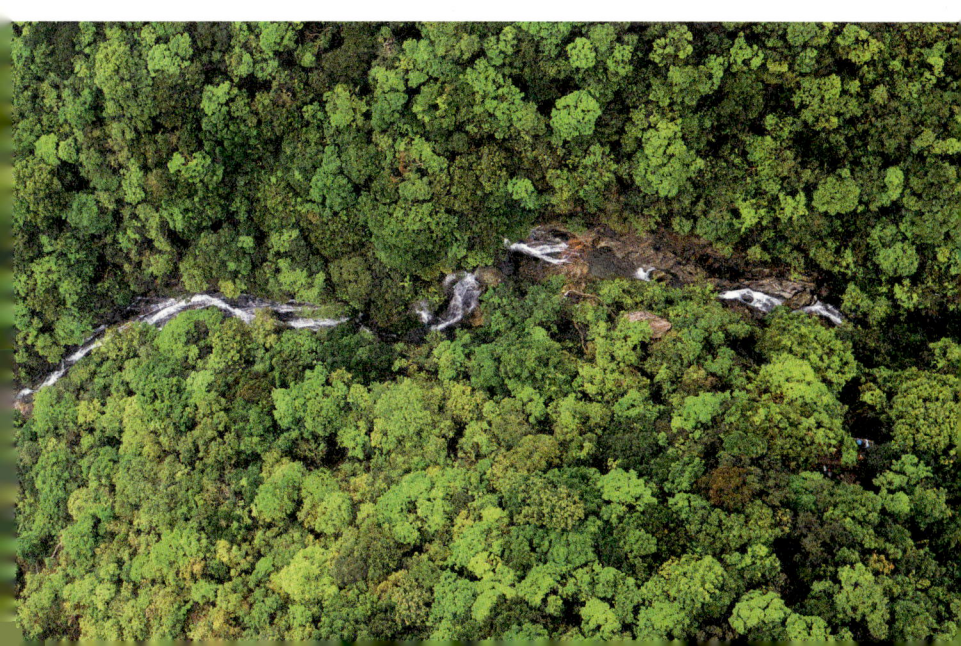

一条未被污染的河流是一个立体的生态环境，溪水中的藻类、浮游动物是蜻蜓、蜉蝣、石蛾幼虫的食物，同时，它们也是鱼、虾、蟹的猎物，而鱼、虾、蟹，又是岸边的翠鸟、池鹭的美食……在没人侵扰的溪谷里，大自然会编织出一条生机勃勃的食物链。

高冠角蝉　陈久桐/摄

高冠角蝉是角蝉科昆虫中长相最怪异的一类。这对高冠角蝉正在树枝上产卵。它们头靠着头，可不是在接吻，高高的角冠仿佛一个弯曲的叶柄，整齐排列着，使它们拟态成一个栩栩如生的树杈，不易被天敌发现。如果它们的伪装被识破，角蝉就会迅速弹跳逃走。

高冠角蝉以吸食树液为生，它们的整个生活史都离不开寄主。

高冠角蝉（*Hypsauchertia chinensis*）| 角蝉科

五月精灵   陈久桐/摄

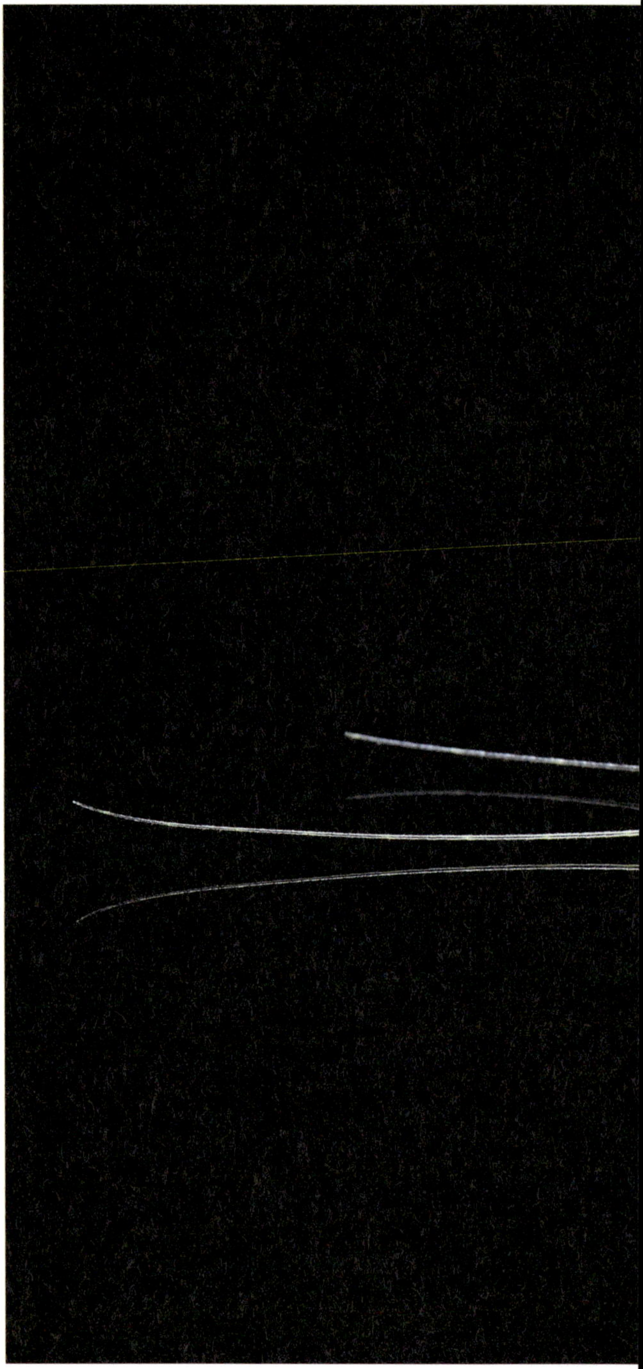

蜉蝣的英文名是 Mayfly，意指"五月的精灵"，但不表示它们只是在五月份才出现，而是指它们在春夏之交数量较多。

蜉蝣是一类非常古老的昆虫，是最原始的有翅昆虫。它们的翅不能折叠，稚虫水生，成虫不取食，寿命很短，最短仅一天而已，但它在这短短的生命中，会完成生命中最重要的婚飞，绽放最绚烂的光彩。蜉蝣是水质纯洁的象征，在被污染的水体里是找不到的。

蜉蝣（Ephemeridae）| 蜉蝣科

精灵的墨伞　　郭鹃 / 摄

簇生鬼伞全球广布，英文名 Fairy inkcap，意即"精灵的墨伞"，非常形象。它们一般为密集式成百上千地大量群生，罕见其孤零单生或三两个一起，个体虽小却也壮观。幼时为白色至灰白色，成熟后转为灰褐色至褐色，中央颜色较深。

古语"朝菌不知晦朔"，叹朝生暮去、生命短暂，鬼伞家成员可说是"朝菌"的代表种类了。从子实体出土到开伞释放孢子，再到子实体溶融，可能不过一二日。簇生鬼伞在深圳全年可见，尤其春季雨后多发。

簇生鬼伞（*Coprinellus disseminatus*）
小脆柄菇科

鼬獾（*Melogale moschata*）| 鼬科

鼬獾　李成 / 摄

鼬獾是一种广泛分布却又鲜为人知的夜行性小型哺乳动物，有着长长的像猪的小嘴巴，适合挖掘落叶层里面的虫子和蚯蚓。

它的脸部呈黑褐色，头顶和脸部各有一个大白点，神似国剧之化装脸谱，固有"白鼻狸"和"花脸狸"之称。

以前鼬獾曾在深圳广泛分布，栖息在深圳的山地和树林里，但由于人为捕猎等原因，现在仅梧桐山和大鹏半岛等还有它们的种群，在深圳有消失的可能。鼬獾是名副其实的夜行动物，白天很难遇见它们，幸运的话，可以在山里见到它们小小的挖掘痕迹。

丘盲蛛（*Plistobunus* sp.）｜弱盲蛛科

◉ 长脚爷叔 陆千乐 / 摄

盲蛛最大的"特长"是腿特别长，这给它们带来了个英文绰号——长脚爷叔（Daddy longlegs），其八条腿不但长，而且特别细，小小的身体撑在上面就像浮在空气中一般。

但在野外八腿齐全的盲蛛并不算多，这跟盲蛛独特的逃生技巧有关：当盲蛛受到威胁时，会自动折断自己的长腿，脱落的腿还会继续抽搐几分钟，以此吸引敌人的注意力。对于盲蛛来说，用一只腿换一条命是值得的。

蓝点盾刺盲蛛（Gagrellinae）｜硬体盲蛛科

双斑基隆盲蛛（*Kilungius bimaculatus*）｜弱盲蛛科

双突盾刺盲蛛（Gagrellinae）｜硬体盲蛛科

蓝腹盾刺盲蛛（Gagrellinae）｜硬体盲蛛科

华美盾刺盲蛛（*Gagrella splendens*）｜硬体盲蛛科

菜粉蝶（*Pieris rapae*）| 粉蝶科

蓝点紫斑蝶（*Euploea midamus*）| 蛱蝶科

燕凤蝶（*Lamproptera curius*）| 凤蝶科

曲纹紫灰蝶（*Chilades pandava*）| 灰蝶科

青斑蝶（*Tirumala limniace*）| 蛱蝶科

飞行之花 南兆旭 / 摄

在昆虫界中，蝴蝶是最显眼的家族。它们的翅膀上覆盖着各种颜色的鳞片，色彩斑斓，又翩翩起舞，所以在东西方文化中，不约而同认为蝴蝶是"飞行的花朵"。

一只蝴蝶要经过 4 个阶段才能幻化为展翅飞翔的生命。从一粒微小娇嫩的卵，到一条单薄柔弱的小虫，再到静若修行的蛹，最后幻化为一只天空中飞翔的蝶，生命的演变，讲述着传奇、令人感动的故事。

因为蝴蝶的栖息地和食性等生态位不同，其对生态环境变化十分敏感，是重要的监测指示物种，也是生态系统中其他无脊椎动物的"保护伞物种"。

虎斑蝶（*Danaus genutia*）｜蛱蝶科

彩虹蜻（*Zygonyx iris insignis*）| 蜻科

方带幽蟌（*Euphaea decorata*）| 溪蟌科

三斑阳鼻蟌（*Rhinocypha perforata*）| 鼻蟌科

大溪蟌（*Philoganga vetusta*）| 昔蟌科

网脉蜻（*Neurothemis fulvia*）| 蜻科

有翅的宝石 南兆旭/摄

在深圳的郊野、山岭和溪谷里,最常见的飞行昆虫,除去蝴蝶,就是蜻蜓。它们和鸟儿、蝴蝶在深圳的天空三分天下。

深圳有多少种蜻蜓,至今鲜有记录与研究。深圳河对岸的香港,已发现记录了116种蜻蜓,占整个中国蜻蜓物种的10%以上。

从地理环境上讲,深圳和香港连为一体,没有自然生态的隔离和差异,生物的品种和数量也应该一样,香港有多少种蜻蜓,深圳也应该相仿。原生的丛林、草木茂盛的田野、清澈的溪流池塘和洁净的湿地,是蜻蜓繁衍的基本需求。事实上,蜻蜓物种与数量是生态环境和生物多样性的一面镜子。蜻蜓被称为"有翅膀的宝石",而深圳却是世界上最大的珠宝生产与加工基地。在未来,如果深圳能开始关注这些"有翅膀的宝石",那将是一个美好城市的真正开始。

滚山珠   丘俊杰/摄

大家都知道马陆的脚多,遇到危险会缩成一团保护自己,球马陆的足却并没有其他马陆的多,它只有13节躯干,成虫一共才15对足,但本事却比一般马陆高超多了。

球马陆遇到危险不但能够缩成一团,而且它还能把头部、触角和脚统统抱在一起形成一球状,从外面只能看见一个坚硬外壳的球,其他的部位完全看不见。这也许就是它在民间流传的一个叫作"滚山珠"名字的由来,遇到危险即刻变成一个球,瞬间滚无踪。

香港泽圆马陆（*Zephronia profuga*）｜泽圆马陆科

彩带蜂（*Nomia* sp.）｜集蜂科

自挂东南枝　严莹 / 摄

在深圳的夏夜，我们可以在枯枝上看到这些扎堆在树枝上休息的小精灵，它们就是彩带蜂和无垫蜂。它们长相特别，腹部有醒目的蓝色条纹。最特别的是它们的睡觉姿势——用强壮的大颚叼着树枝，身体悬空睡觉，这是人类无法想象也无法做到的。

无垫蜂（*Amegilla* sp.）| 蜜蜂科

可能还未相见，便要说永别

周行 / 摄

唐鱼有一个更为人广知的名字——白云金丝，是1932年在广州白云山附近被人们发现的一种小型淡水鱼类。它们喜欢生活在水质清澈、水生植物丰富的溪流或平原沼泽环境。但随着城市的发展，环境受到破坏，在20世纪80年代唐鱼一度被认为面临灭绝，并被列为国家二级保护动物。

深圳东部的森林曾经有一片湿地，那里栖息着大量唐鱼。但如今湿地已被修建的水库淹没，它们则早已消失得无影无踪。幸运的是，目前唐鱼还有种群分布在深圳东部的数条小溪中，但它们面临的环境破坏问题依然十分严峻，亟待保护。希望我们不要还未相见，便要说永别。

唐鱼（*Tanichthys albonubes*） | 鲤科

香港瘰螈（*Paramesotriton hongkongensis*）｜蝾螈科

深圳"娃娃鱼"   周行 / 摄

香港瘰螈因最早在香港发现而得名，但后来发现在邻近的深圳和惠州也有分布，它们生活在中低海拔的山溪里，在深圳东部山区常见。在繁殖季节，为了俘获雌性的芳心，雄性香港瘰螈间会大打出手，雌性则会将卵产在水中的叶子上。

香港瘰螈是深圳唯一的有尾两栖类动物，同时也常被人们误认为是娃娃鱼（大鲵），但它其实只是大鲵的近亲。根据《国家重点保护水生野生动物名录》和《濒危野生动植物种国际贸易公约》，香港瘰螈现为国家二级保护动物。

刺桫椤　李成/摄

大多数蕨类植物是较矮小的草本植物，而刺桫椤是一种类似乔木的大型蕨类植物。它在恐龙时代遗留下来，被称为"活化石植物"。

经过漫长演化、万劫余生的刺桫椤，由于人为砍伐与森林破坏，目前已处于濒危状态。深圳塘朗山上的刺桫椤是我国唯一在大城市中心地带发现的野生桫椤林，非常难得，是大自然留给深圳的珍宝。

刺桫椤（*Alsophila spinulosa*）｜桫椤科

Forest Trail

林中小道

绿道不仅是休闲放松的好去处，也是自然观察的好地方。

在生活快节奏的一线大城市深圳，目前建成了全长约2448公里的绿道网络，有些甚至与森林公园、郊野公园相连。

这一条条步行道路上，有着叮铛叮铛的车铃声，也有悠闲的漫步脚印，也有许多动物悄悄出没的踪影。让我们得以在林中漫步歇息，也可以近距离地观赏盛花结果的花花草草，一探究竟林中小道旁生活隐蔽的动物。

黑领噪鹛 周忠孝 / 摄

黑领噪鹛是广东常见的留鸟，喜欢出入于林缘疏林和灌丛，常常可以在公园或者郊野的阴凉处听到它们在窸窸窣窣地翻叶子觅食。

黑领噪鹛喜欢集群活动，常常与小黑领噪鹛混群。它们十分机警，附近稍有声响，就会立刻喧闹起来，仿佛时刻等待着机会一展歌喉，争相卖力高声鸣叫。待察觉到并无危险，才慢慢安静下来。

黑领噪鹛（*Pterorhinus pectoralis*） | 画眉科

花蟹蛛（*Xysticus* sp.）| 蟹蛛科

白额巨蟹蛛（*Heteropoda venatoria*）| 巨蟹蛛科

类奇异獾蛛（*Trochosa ruricoloides*）| 狼蛛科

灵川丽蛛（*Chrysso lingchuanensis*）| 球蛛科

拟肥腹蛛（*Parasteatoda* sp.）| 球蛛科

操碎了心的父母 陈冰心/摄

人类出生的时候，是一个个嗷嗷待哺的婴儿，时刻需要母亲的喂食与呵护。在蜘蛛界里，刚出生的宝宝就有力量与胆识，可以独自出外猎食与应对危险，但是蜘蛛母亲们为了后代安全存活下来，也一样操碎了心。

一些游猎型的蜘蛛，在安全的地方产卵之后，会在上面封一层丝膜，24小时饿着肚子，像守卫一样默默保护着；有些游猎型的蜘蛛，会干脆把卵囊带在身上，走到哪里都不会落下；狼蛛科的蜘蛛，甚至会在幼体出生之后，背在身上，一直保护到它们能够独立生活为止。

我们比较熟悉的结网蜘蛛，它们会把卵产在囊里，附着在蜘蛛网上，当有危险就会迅速飞奔过去，护住它们的孩子。

条纹代提蛛（*Dictis striatipes*）| 花皮蛛科

林中小道

这个杀手不太冷 陈久桐/摄

蝶角蛉成虫有两条与蝴蝶相似的棒状触角，因而得名。

蝶角蛉幼虫的捕食能力十分强大，它能在植物的茎叶或地面落叶上张开上颚埋伏捕食。猎物被夹住后，上颚尖端注入毒液，数秒就能使猎物麻痹。

图中蝶角蛉幼虫捕捉的是叫作宽胸蝇虎的跳蛛。蝇虎，吃苍蝇猛如老虎。然而，即使有着"老虎"称号，凶猛敏捷的宽胸蝇虎也会落入蝶角蛉的血口之中。

蝶角蛉（Ascalaphidae）｜蝶角蛉科
宽胸蝇虎（*Rhene* sp.）｜跳蛛科

鸡冠蛇 赖虔瑜 / 摄

变色树蜥是深圳最常见的蜥蜴，尾巴很长，头部后方有一列锯齿形状的棘突。当艳阳高照，变色树蜥晒着太阳，头部的棘突会变红；在繁殖季节，雄性头部也会变成像公鸡头冠的红色，因而又叫鸡冠蛇。

变色树蜥的每只眼睛都能独立活动，可捕捉前后左右的动静，而且速度十分迅捷，这使得它的捕食能力大大提升。

变色树蜥（*Calotes versicolor*） | 鬣蜥科

图中的这只变色树蜥，在盛开的花朵旁静候蜜蜂的到来，准备趁其"沉醉"于花蜜中，张开嘴巴，猛地一跃，成功捕获一只蜜蜂。

萤光点点   赖虔瑜/摄

夏日，在一些草丛或灌木林里，我们或许可以遇到萤火虫。

萤火虫的发光器在尾部，构造类似汽车的车灯，发光细胞犹如车灯的灯泡，而发光器的反射层细胞犹如车灯的灯罩，会将荧光集中反射出去。所以，萤火虫虽然只发出小小的光芒，在黑暗中却让人觉得相当明亮。

从中国古人对萤火虫的称呼，你就能看出它有多美：夜光、景天、夜照、流萤、宵烛、耀夜……只是，人类对萤火虫的喜爱都建立在黑暗中，光天化日下萤火虫的形象并不悦目，它胸背平坦，颜色单一，长着两个长长的触角，从外表上看，像是蟑螂。

金边窗萤（*Pyrocoelia analis*）｜萤科

林中小道

如豹顽强，如猫灵秀 李成 / 摄

豹猫有很多个名字：石虎、山狸子、铜钱猫、山猫、土豹子等，它们有着豹一样的斑纹和顽强的生命力，有着猫一样的灵敏秀气。

同身为小型猫科动物，豹猫擅长爬树，还能游泳。白天它们在洞穴中休息，夜里出来捕食、活动。豹猫有一身光滑细密的美丽皮毛，又是一些人追捧的野味，这给它带来了杀身之祸。所以尽管它昼伏夜行，身手敏捷，在深圳也难觅踪影。

2019年年初在深圳经济腹地发现豹猫一家五口的珍贵记录，说明随着城市的发展，顽强的豹猫也在不断学习适应与人类的相处，已是不易。

豹猫（*Prionailurus bengalensis*） | 猫科

银斑天蛾（*Rhodosoma triopus*）｜天蛾科

◎ 明明我也很美　陆千乐 / 摄

蛾子与蝴蝶的翅膀上都覆盖着鳞片或毛，都属于鳞翅目的昆虫。人类普遍给蝴蝶的标签是"美丽"，给同家族的蛾子的标签却是"难看""别碰，痒"。

这是对蛾子的偏见，其实蛾子的数量比蝴蝶还要多，色彩与斑纹也十分丰富与漂亮。蛾与人类的密切关联有两个：无数的飞蛾以吸取花蜜为主要的进食方式，为植物的花朵传播花粉，是地球复杂的生态圈中重要的一环；无数的蚕蛾为了保护自己而结茧，茧却被人用来制作丝绸，一些专家认为人对蚕的利用已有五千年之久。

三角斑双尾蛾（*Phazaca oribates*）| 燕蛾科

绿脉白斑蛾（*Chalcosia pectinicornis*）| 斑蛾科

华尾大蚕蛾（*Actias sinensis*）| 大蚕蛾科

朱红榕蛾（*Phauda flammans*）| 榕蛾科

红边水青尺蛾（*Comostola pyrrhogona*）| 尺蛾科

巴莫方胸蛛（*Thiania bhamoensis*）| 跳蛛科

深圳大眼萌 陆千乐 / 摄

这些不过一枚硬币大小的蜘蛛，在大陆（内地）叫跳蛛，在台湾叫蝇虎，在香港叫金丝猫。这形象地显现了当地对待中国文字与文化的方式：大陆（内地）的取名遵循其英文翻译（Jumping Spider）；台湾的起名尊重传统文化——源于 1700 年前晋朝崔豹撰写的《古今注·鱼虫篇》："蝇虎，蝇狐也。形似蜘蛛，而色灰白。善捕蝇……"；香港取名"金丝猫"，形象地描述了小动物亮晶晶的圆眼睛和捕食时的灵动。

跳蛛最大的特征是有着一双大萌眼，在所有蜘蛛中，只有跳蛛会扭动头胸部，它们会用自己的那双大眼睛注视眼前的万物，非常有灵气，像是一个充满智慧的小生命，不像其他蜘蛛那样看起来呆呆的。

双带扁蝇虎（*Menemerus bivittatus*）｜跳蛛科

蓝翠蛛（*Siler cupreus*）｜跳蛛科

张氏散蛛（*Spartaeus zhangi*）｜跳蛛科

荣艾普蛛（*Epeus glorius*）｜跳蛛科

马来昏蛛（*Phaeacius malayensis*）｜跳蛛科

这只鸟儿"乘着八彩祥云"来深圳

田穗兴 / 摄

候鸟在迁徙时经过一个地方作短暂停留,被称为这个地方的"过境鸟"。图中这只蓝翅八色鸫就是途经深圳的过境鸟。

2009 年 5 月,这只在深圳停留了 10 天左右的蓝翅八色鸫成为前所未有的明星鸟,全国各地有近百位观鸟爱好者和摄影者乘坐各种交通工具赶来,一睹芳容。

这是在深圳第一次观察到蓝翅八色鸫,它身上的颜色远远超过 8 种,斑斓的羽毛与草地、绿叶、紫花、白蕊等大自然的色彩融合在一起,也是一种特别的保护色。蓝翅八色鸫是国家二级保护动物。

蓝翅八色鸫（*Pitta brachyura*）｜八色鸫科

假毛蕨（*Pseudocyclosorus tylodes*） | 金星蕨科

拳芽　　王晓云 / 摄

许多人对于植物发芽的印象是冒出绿色的嫩叶，而蕨类的芽十分奇特。魏晋诗人黄庭坚有一诗《春阴》，其中"蕨芽初长小儿拳"就很好地表述了拳芽的形状：如同初生婴儿自然握紧的拳头。拳芽慢慢舒展，成为一道绝美的成长痕迹。

《春阴》还有另外一句："试寻野菜炊春饭"。一些种类的拳芽，还可以作为野菜食用，比如乌毛蕨、菜蕨、巢蕨等。

在山野里，每种拳芽有着不同的"出拳招式"。

粤里白（*Hicriopteris cantonensis*）｜里白科

栗蕨（*Histiopteris incisa*）｜凤尾蕨科

羽裂圣蕨（*Dictyocline wilfordii*）｜金星蕨科

迷路的大眼萌 张韬 / 摄

倭蜂猴是中国最小的猴类，又称小懒猴、间蜂猴。它全身呈圆筒状，面圆且有着一双大萌眼，这让人能够一眼辨认出它。

倭蜂猴是国家一级重点保护野生动物。在2015年5月，由国家环保部和中国科学院联合组织的评估中，倭蜂猴在我国的濒危度上升至极危，已经到了非常严重的状态。

倭蜂猴其实不属于深圳本地物种，最早可能是被人买卖后，经有关部门解救放生，恰好深圳的自然条件符合倭蜂猴的生存需求，因此深圳的倭蜂猴已渐渐形成了种群。

倭蜂猴（*Nycticebus pygmaeus*）| 懒猴科

螟蛉有子　张韬/摄

"螟蛉有子，蜾蠃负之"，出自《诗经·小雅·小宛》。

螟蛉是我们常说的毛毛虫中的一些种类，长大后被称作螟蛾；蜾蠃俗称细腰蜂，是一类寄生性的独栖胡蜂。

古人误以为蜾蠃不产子，且扶养螟蛾幼虫为子。其实蜾蠃捕食螟蛾幼虫存入巢后，还会在它们体外产卵，孵化后的蜾蠃幼虫通过取食螟蛾成长，直至化蛹才吃完，最终羽化成蜂破巢而出。古人所说的蜾蠃可能泛指各类狩猎蜂，比如图片上的沙泥蜂。

双带夜蛾（*Naranga aenescens*）| 夜蛾科

红足沙泥蜂（*Ammophila atripes*）| 细腰蜂科

锤须奥蟋(*Ornebius fuscicercis*) | 鳞蟋科

黑头墨蛉蟋(*Homoeoxipha obliterata*) | 蛉蟋科

小音蟋(*Phonarellus minor*) | 蟋蟀科

深圳好声音 张韬/摄

盛夏的日子,太阳下山后,鸣虫开始登上舞台,螽音清脆,蟋鸣响亮……是名副其实的"田野好声音"。

其实,所有的鸣虫都是"哑巴",它们的歌声并不是来自声带、喉咙,而是由身体的摩擦和振动产生的。蝗虫是由后腿与前翅的摩擦发声,蟋蟀和螽斯则是由左右前翅的相互摩擦发声。

但并不是所有的鸣虫都能发出声音。一般来讲,只有雄性鸣虫才能发声,也只有雌性鸣虫,才听得懂雄性鸣虫吟唱爱的歌曲。除了求偶的歌唱,还有悠然自乐的低吟,争夺领地的警告,面对危险发出的信号……

许多人喜欢鸣虫的叫声、好斗的风格,所以赏玩鸣虫曾经是一种风尚,殊不知,它们在大自然中吟唱才能奏出最好的乐曲。

长翅纺织娘(*Mecopoda elongata*)| 螽斯科

乌柏大蚕蛾 严莹/摄

在深圳，生活着世界上翅展面积最大的蛾——乌柏大蚕蛾。乌柏大蚕蛾又名皇蛾，翅展可达 25—30 厘米，比我们的巴掌还要大，前翅末端的花纹酷似蛇头，故而乌柏大蚕蛾又名蛇头蛾。它们的幼虫取食乌柏、山乌柏等植物，成虫口器退化，不再进食，寿命也很短暂。有如此美丽的蛾与我们同在一个城市，会不会让你有些许幸福感呢？

乌柏大蚕蛾（*Attacus atlas*） | 大蚕蛾科

赤腹松鼠（*Callosciurus erythraeus*）｜松鼠科

赤腹松鼠 南兆旭 / 摄

几朵开得正旺的木棉花，引来许多鸟儿吸蜜，也吸引来了赤腹松鼠。

作为一个爬树高手，赤腹松鼠在树的枝头上蹿下跳，窜到这枝头嗅嗅这朵花，又跳到另一枝头嗅嗅那朵花，抬腿挠痒痒也是轻松自如。

赤腹松鼠栖息于南方各地热带和亚热带森林，在广东分布广泛，无论在公园、郊野还是森林，都能看到它们的身影。它们十分容易辨识，肚子是赤红色，有着蓬松的毛发，喜欢在高大的乔木上活动。

等到冬天，赤腹松鼠在树上取食果实，将果实集中储存起来过冬。

食物之战，生死之战 张高峰/摄

大白鹭，是深圳的候鸟，喜欢停留在池塘、湿地。

在繁殖季节，大白鹭的肩背会长出三列蓑状羽，脸上裸露的皮肤会变成蓝绿色，嘴巴由黄变黑色，仿佛是涂了口红与腮红的前卫新娘。大白鹭一般会筑巢于树上，搭建起"爱的小屋"。巢由枯枝和草茎构成，大白鹭雏鸟就在这简单粗糙的巢里出生了。

一生下来，雏鸟就面临第一个生死之战，与自己的兄弟姐妹抢食。弱肉强食，争抢到食物的雏鸟代表最强壮的后代，才能更好地抵御天敌，繁衍后代。而争抢不到食物的弱者，可能会在鸟巢里饿死。

大白鹭（*Ardea alba*）| 鹭科

谨慎的蓝胸秧鸡

张高峰 / 摄

蓝胸秧鸡在全国的分布范围很广,喜欢在水田、水塘,还有芦苇沼泽地带栖息生活。在繁殖季节,蓝胸秧鸡的巢也会选择在水边或者沼泽地带搭起,用干草保护好卵。

蓝胸秧鸡擅长游泳与地面奔跑,但飞行能力较差,遇到危险时,它会扑腾下翅膀飞起,飞不远就落入草丛,再迅速奔跑逃开。蓝胸秧鸡十分小心谨慎,平时在清晨与黄昏活动。当它带领雏鸟出来觅食时会更为谨慎,听闻声响会带着雏鸟迅速撤离。

蓝胸秧鸡(*Gallirallus striatus*) | 秧鸡科

摄影：

 陈冰心
 陈久桐
 陈宗兴
 狄春华
 葛增明

 郭鹃
 胡伟
 黄宝平
 赖虔瑜
 李成

 刘佳
 刘美娇
 陆锋
 南兆旭
 欧鹏

 丘俊杰
 沈晓鸣
 田穗兴
 王炳
 王晓勇

 王晓云
 吴健晖
 吴健梅
 吴伟
 邢东耀

 严莹
 张高峰
 张力
 张韬
 张玉香

 周行
 周忠孝

 朱兴超

图书策划团队

总 策 划：南兆旭
撰　　稿：陈冰心
项目统筹：廖佳筠
策划编辑：吴坤华
图文校对：陆千乐　李　栋
装帧设计：李尚斌　王秀玲
项目执行：深圳市越众文化传播有限公司

出 品 人　　胡洪侠
策划编辑　　孔令军
责任编辑　　彭春红
责任校对　　杨　杰　何杏蔚
装帧设计　　深圳市越众文化传播有限公司

图书在版编目（CIP）数据

深圳自然发现：深圳生物多样性影像志 / 深圳市越众文化传播有限公司编著. —深圳：深圳报业集团出版社，2020.12
ISBN 978-7-80709-920-8

Ⅰ．①深… Ⅱ．①深… Ⅲ．①生物多样性–深圳–摄影集 Ⅳ．① Q16-64

中国版本图书馆 CIP 数据核字 (2020) 第 039451 号

深圳市宣传文化发展专项基金资助项目

深圳自然发现——深圳生物多样性影像志
Shenzhen Ziran Faxian Shenzhen Shengwu Duoyangxing Yingxiangzhi

深圳市越众文化传播有限公司　编著

深圳报业集团出版社出版发行
（518034　深圳市福田区商报路 2 号）
深圳市国际彩印有限公司印制　新华书店经销
2020 年 12 月第 1 版　2020 年 12 月第 1 次印刷
开　本：787mm×1092mm　1/16
字　数：60 千字
印　张：12.5
ISBN 978-7-80709-920-8
定　价：68.00 元

深报版图书版权所有，侵权必究。
深报版图书凡有印装质量问题，请随时向承印厂调换。